Wolf Richard Günzel
Marie-Anne Delesalle-Günzel

Guten Morgen Afrika

Wolf Richard Günzel
Marie-Anne Delesalle-Günzel

Guten Morgen Afrika

AtheneMedia

Die Handlung und alle Personen in diesem Roman
sind frei erfunden.
Jegliche Ähnlichkeiten mit lebenden oder verstorbenen Personen
sind rein zufällig und unbeabsichtigt.

Erstausgabe
Umschlagbild: Wolf Richard Günzel
Umschlaggestaltung: AtheneMedia Dinslaken

Printed in Germany
ISBN 978-3-86992-120-4

1

Als kleines Kind habe ich mir unsere Erde ziemlich imposant, geheimnisumwittert und voller Wunder vorgestellt. Man bekommt rasch Ehrfurcht vor Dingen, die einem die Erwachsenen erzählen. Vor allem, wenn sie diese Dinge selbst nur vom Hörensagen kennen. In ihrer Phantasie schrecken sie dann nicht davor zurück, den Dschungel mit Menschenfressern zu bevölkern. Sie erzählen einem, die Pyramiden seien aus purem Gold erbaut und daß es in den Ozeanen Jungfrauen mit glitzernden Fischleibern und Haaren aus grünen Meeresalgen gibt.

Im Laufe meines Lebens habe ich mich dann selbst auf unserer Erde gründlich umgeschaut. Wie schon vermutet, habe ich weder goldene Pyramiden gesehen, noch eine Meerjungfrau mit glitzerndem Schuppenkleid, und die gefürchteten Wilden, denen ich begegnete, sind nicht auf die Idee gekommen, mich in ihren Kochtopf zu stecken.

Warum ich mir die Erde im Laufe meines Lebens so gründlich angeschaut habe, hat etwas mit meinem Beruf zu tun. Ich bin nämlich das, was man einen Reiseschriftsteller nennt. Obwohl dieser Begriff eigentlich nicht ganz zutreffend ist. Ich berichte von den Ländern, die ich bereise, nämlich nicht ganz wahrheitsgemäß. Ich benutze sie nur als Rahmen für meine eigenen Geschichten. Ich verfahre in der Regel so, daß ich ein paar Figuren erfinde, die mir interessant erscheinen. Mit diesen Figuren im Kopf gehe ich dann auf Reisen. Ich suche mir solche Ziele für meine Figuren aus, in die sie mit ihren Charaktereigenschaften, die ich ihnen angedichtet habe, passen könnten. Nachdem ich sie also an einen geeigneten Ort verfrachtet habe, überlege ich mir, was ihnen nun passieren könnte. Ich bringe sie in Gefahren und hole sie dort wieder raus. Ich sorge dafür, daß sie sich verlieben und wenn es mir ratsam erscheint, lasse ich sie sterben.

Mit dieser Art zu schreiben, habe ich es zu einigem Erfolg gebracht, und weil ich die Leute auf eine humane Art belüge, bereitet es mir kein schlechtes Gewissen. Bevor ich humane Lügengeschichten zu schreiben begann, habe ich es schon einmal mit der Wahrheit versucht. Ich habe meine eigene Lebensgeschichte verfaßt und das gewichtige Manuskript an einen Verleger geschickt. Er schickte mir das Manuskript zurück und schrieb: Wollen Sie meinen Verlag ruinieren? Ihr Leben ist viel zu langweilig. Sie müssen schon etwas Großes und Aufregendes vollbringen, wenn es die Leute interessieren soll.

Nach diesem Genickschlag schrieb ich eine Weile überhaupt nichts mehr. Dann erwachte allmählich mein Trotz und der Wille, es diesem Bürschchen, das mich derart gedemütigt hatte, zu zeigen. Ich erfand meine erste humane Lügengeschichte. Und siehe da, ich hatte Erfolg.

Mit einer meiner humanen Lügengeschichten im Kopf stieg ich vor ein paar Jahren zum Gipfel des Kilimandscharo hinauf. Ich richte es nämlich immer so ein, daß meine Figuren vor einer großen Kulisse leben, leiden, sich lieben und womöglich auch sterben.

Beim Aufstieg wurde ich von zwei schwarzen Trägern begleitet. Und als sich die Vegetationszone langsam in die Schneezone verwandelte, sagte ich zu meinen schwarzen Begleitern: „Wartet bitte an dieser Stelle. Ich gehe das nächste Stück allein.“

Meine beiden Träger waren helle Burschen. Sie waren froh, daß sie mich samt meinem Gepäck los waren. Sie luden die schweren Rucksäcke ab. Dann setzten sich auf zwei Steine und stellten keine Frage. Das machte alles sehr einfach. Ich hatte beileibe nicht die Absicht, allein zum Gipfel zu stürmen. Ich wollte nur einfach wieder einen klaren Kopf bekommen, weil mir ihr unablässiges Geschwätz seit Stunden auf die Nerven ging.

Nachdem ich eine Weile allein hinaufgestiegen war, setzte ein leichter Schneefall ein. Meine Brille beschlug im Nu, und ich war inzwischen ordentlich außer Puste gekommen. Der Zustand, in dem ich mich befand, inspirierte mich zu einer Notiz. Ich wollte sie in meiner humanen Lügengeschichte, die ich im Kopfe hatte, später einmal verwenden. Wenn ich eine Lügengeschichte erfinde, achte ich immer streng darauf, daß der Rahmen, in dem sich meine Phantasiefiguren bewegen, authentisch ist. Deshalb mache ich diese anstrengenden Reisen. Ich will mich einfühlen in ihre Welt und wenigstens darüber wahrheitsgemäß berichten. Ich setzte mich also in eine Felsnische und holte mein Notizbüchlein und einen Bleistift hervor. Bevor ich zu schreiben anfing, schaute ich den Himmel an. Über dem schneebedeckten Gipfel des Berges thronte eine große weiße Wolke. Sie versperrte mir den Blick zur Sonne. Aber ihre gelben Strahlen drückten sich am Wolkenrand vorbei, und die Schneeflocken, die aus der Wolke kamen und ganz sanft zur Erde fielen, glitzerten wie kleine goldene Sterne. Es war zu schön, um es zu beschreiben. Also ließ ich die Finger davon. Ich schlug mein Büchlein auf und schrieb: Bin beim Anstieg zum Gipfel in einen schweren Schneesturm geraten. Meine schwarzen Träger wurden von Furcht übermannt. Sind in Panik nach unten geflüchtet. Ich will versuchen, den Gipfel allein zu erreichen. Notfalls auf allen vieren. Im Moment ist es allerdings völlig aussichtslos. Meine Hände sind ohne jedes Gefühl. Dennoch klammere ich mich verbissen an einen Felsen und hoffe, daß der Sturm vorübergeht.

„Was schreibst du denn da?“, fragte mich plötzlich eine zarte junge Stimme.

Ich zuckte zusammen. Mir fiel mein Notizbüchlein aus der Hand und der Bleistift und ich dachte entsetzt: das hast du nun davon! Du verstrickst dich derart in deine Lügengeschichten, daß du Phantasie und Wahrheit nicht mehr auseinanderhalten kannst. Gleich kommt wirklich ein Sturm auf, bläst dich dreitausend Meter weit herab, und obwohl es diesmal eine echte Katastrophe wäre, wird es niemand auf der Welt zur Kenntnis nehmen.

Die zarte junge Stimme fragte mich erneut: „Was hast du denn eben aufgeschrieben?“

Ich putzte meine Brille ab. Dennoch hüllte sich das Bild vor meinen Augen in einen feinen weißen Schleier. Man stelle es sich vor: Da sitzt ein kleines schwarzes Mädchen mittendrin im kalten Schnee und lächelt mich mit ihren großen braunen Augen an. Ihr Kopf und ihr kleiner Körper sind in ein langes weißes Tuch gehüllt. Unter dem Tuch tauchen nur ihr Gesicht und ein paar schwarze Locken, ihre Hände und ihre Füße auf.

„Gibt es dich wirklich?“, fragte ich verwirrt und versuchte die Hand des Mädchens zu berühren. Ihre Hand war kalt wie Schnee. Aber sie fühlte sich ganz zart und kindlich an.

„Berühre mich nicht zu lange“, sagte das Mädchen lächelnd. „Sonst zerschmelze ich.“

Ich zog meine Hand zurück. Dann schloß ich die Augen und lehnte mich zurück. Das mache ich immer, wenn ich das Gefühl habe, daß mich mein Verstand im Stich gelassen hat.

„Willst du jetzt etwa einschlafen?“, fragte mich die sanfte Mädchenstimme. „Wenn wir uns schon hier oben begegnen, können wir uns doch wenigstens ein wenig unterhalten.“

„Natürlich“, sagte ich, „das machen wir.“ Ich sagte es ein wenig spöttisch. Irgendwann würde mein Verstand ja wieder auf die Beine kommen. Und siehe da, er kam. Ich schüttelte den Kopf. Dann kicherte ich leise vor mich hin. Die Höhenluft, natürlich. So war es also, wenn man einen Höhenkoller hatte! Ich stand auf und klopfte den Schnee von meiner Hose. Ich schlich an der Stelle vorbei, an der mir das Mädchen in einer Halluzination erschienen war, sah nicht mehr hin. Ich ging nach unten.

Hinter meinem Rücken hörte ich ihre Worte: „Ich werde sehr traurig sein, wenn du mich jetzt verläßt." Der Klang ihrer Stimme berührte mich auf sehr behutsame und angenehme Weise. Ich konnte nicht einfach weitergehen. Und ich hatte auch nicht mehr das Gefühl, daß mich mein Verstand verlassen hatte. Ich drehte mich um, und als ich sie noch an der gleichen Stelle sitzen sah, ging ich zu ihr zurück.

„Ich möchte dich um etwas bitten", sagte sie so lieb, daß ich ganz unbekümmert antwortete: „Bitte mich nur. Ich erfülle dir gerne jeden Wunsch, mein Kind."

„Dort unten in der Savanne gibt es eine kleine verlassene Ziege..."

„Soso, eine kleine verlassene Ziege."

„Und einen ebenso verlassenen, kleinen Vogel..."

„Natürlich, auch einen kleinen verlassenen Vogel."

„Du glaubst mir nicht“, sagte sie gekränkt. „Wenn du mir nicht glaubst, kannst du auch meinen Wunsch nicht erfüllen. Ich wollte dich bitten, daß du der Ziege ihr Glöckchen und dem Vogel eine Botschaft überbringst...“ Sie sah jetzt wirklich traurig aus, und ich versuchte ihr meine Bedenken zu erklären. „Sieh mal, mein Kleines“, sagte ich. „Du bringst mich von einer Verwirrung in die andere. Erst tauchst du im Schneewirbel wie ein Fabelwesen auf...“

„Ich bin nicht einfach aufgetaucht“, protestierte sie. „Ich wohne dort oben, auf dieser großen weißen Wolke.“

„Diese Erklärung macht die Sache nicht einfacher“, sagte ich erschüttert. „Seit wann wohnen kleine Mädchen wie du auf einer Wolke?“

„Seit mich der Löwe gefressen hat, lebe ich auf dieser Wolke“, sagte sie.

Vor lauter Erschütterung sträubten sich meine Nackenhaare und ich dachte entsetzt: alles, was du erlebst, ist vielleicht nur eine kurze, aber lebensgefährliche Illusion. Doch ihre Worte klangen derart ernsthaft, daß ich diesmal nicht zu widersprechen wagte.

„Du bist verwundert", sagte sie.

„Ich bin verwundert über deine grenzenlose Phantasie. Ich kenne mich nämlich mit Phantasiegeschichten ein wenig aus. Ich schreibe selber welche. - Humane Phantasiegeschichten", setzte ich hinzu.

„Was sind humane Phantasiegeschichten?"

„Solche, die die Leute nicht allzusehr erschüttern."

„Märchengeschichten?"

„Märchengeschichten kann ich für meine Leser nicht schreiben. Dafür sind diese Leute zu ernsthaft."

„Dann könntest du doch schreiben, daß mich der Löwe gefressen hat."

„Das macht die Leute zu traurig."

„Dann beschreibe ihnen meine Wolke."

„Das würde sie langweilen."

„Dann berichte ihnen von deinem eigenen Leben."

„Das ist ihnen nicht interessant genug."

„Also ist das, was du schreibst, eine schwierige Sache?"

„Eine höchst schwierige Sache!"

„Wenn du möchtest, erzähle ich dir meine Geschichte", sagte sie. „Aber du darfst dich nicht zu sehr an mich gewöhnen..."

Die unbeholfene Sanftheit ihrer Stimme erschreckte mich erneut. Obwohl ich nichts begriff, klangen ihre Worte so überirdisch, daß ich nicht wußte, in welcher Lage ich mich befand. Es war ja gut möglich, daß es einen verschwommenen Bereich zwischen Leben und Tod gibt und daß man in einer solchen Situation einen Klaps auf die Wange braucht, um es zu erkennen. Aber sie erklärte mir: „Wenn ich dir meine Geschichte erzähle, wirst du mich vielleicht verstehen. Vielleicht wirst du mich sogar ein bißchen mögen. Und dann wird es dich schmerzen, wenn ich dich wieder verlassen muß. Also versprich mir, daß du dich nicht zu sehr an mich gewöhnst..."

Jetzt war ich ein wenig gerührt und sagte feierlich: „Gut, ich verspreche es."

„Und du versprichst mir auch, daß du dem Vogel meine Botschaft bringen wirst? Und der Ziege dieses Glöckchen?" Sie holte ein kleines Ziegenglöckchen unter ihrem Tuch hervor und ließ es leise bimmeln.

Die Sache wurde immer komplizierter. „Was denn für eine Botschaft…? Und was soll ich mit diesem Glöckchen...?"

„Du mußt dem Vogel sagen, daß ich das Geheimnis kenne. Und dann hänge der Ziege bitte dieses Glöckchen um. Damit verscheucht sie den Leoparden. Und wenn die Leute dieses Glöckchen hören, werden sie das Zicklein finden und nach Hause führen."

Es war wirklich keine einfache Sache.

Vor mir saß ein kleines schwarzes Mädchen, das *normalerweise* auf der großen Wolke vor der Sonne wohnte. Irgendwo in der Savanne erwarteten mich eine Ziege und ein kleiner Vogel, denen ich ein Glöckchen und eine Botschaft bringen sollte.

Vor einer Stunde noch, da war ich ganz sicher, war die Welt überschaubar. Meine beiden Träger waren schwatzend vor mir hergegangen und ich hatte überlegt, wie ich sie stoppen könnte. Während ich überlegte, hatte ich mir heimlich zwei Kekse in den Mund geschoben. Das war wirklich nicht länger als eine Stunde her, wirkte aber wie eine ferne Vergangenheit.

„Wo kommst du übrigens her?", fragte sie mich plötzlich.

„Aus Europa, aus Deutschland", sagte ich verwirrt.

„Das dachte ich mir schon", sagte sie.

„Wieso dachtest du es dir schon…?"

„Ihr seht euch so ähnlich", sagte sie. Ich schien ein wenig verzweifelt zu wirken. Deshalb setzte sie hinzu: „Du und der Vogel."

Das machte die Sache nicht einfacher.

„Ihr seht beide so abgehetzt und unglücklich aus", sagte sie. „Ist es bei euch zu Hause wirklich so schlimm?"

„Was soll denn bei uns zu Hause so schlimm sein…? Und was habe ich mit diesem Vogel zu tun…?"

„Der Vogel hat mir erzählt, daß ihm sein Leben zu Hause nicht gefallen hat."

„Ja, ja, dieser Vogel", sagte ich und wackelte resignierend mit dem Kopf. „Dieser arme kleine Vogel, der mir so ähnlich ist und jetzt auf deine Botschaft wartet. - Die ich ihm überbringen soll!", setzte ich mit einem aufgebrachten Fingerzeig hinzu.

„Bitte verzeih“, sagte sie sanft. „Ich wollte dich nicht kränken.“

Ich kicherte in meiner Verzweiflung vor mich hin. Doch glücklicherweise erzählte sie mir nun wenigstens die Geschichte dieses mysteriösen unglücklichen Vogels...

2

Ich saß im Schatten einer Schirmakazie und sah auf meine Ziege. Meine Mutter hatte mir gesagt: Sie ist unser größter Besitz. Paß gut auf sie auf. Du bist verantwortlich für sie. Also achtete ich gut auf meine Ziege. Plötzlich kam der Vogel angeflogen, setzte sich über mir in den Baum und sagte: „Hallo. Ich komme aus Europa. Das liegt am anderen Ende der Welt und man nennt mich dort den Vogelkönig. Wahrscheinlich wirst du jetzt beeindruckt sein. Aber ich erzähle es dir nicht etwa, um dir zu imponieren. Ich wollte nur mal schauen, wie es dir hier so geht."

„Mir geht es gut", sagte ich lächelnd. „Ich bin glücklich."

„Das kann nicht sein", sagte der Vogel. „Man kann nicht allein hier draußen in der Savanne sitzen und glücklich sein."

„Ich passe auf meine Ziege auf", sagte ich. „Sie ist noch sehr jung und übermütig. Deshalb muß man immer auf sie achten. Ich bin verantwortlich für sie."

„Das mag schon sein“, sagte der Vogel. „Trotzdem kann man beim Hüten einer Ziege nicht glücklich sein. Das wäre ja viel zu einfach.“

„Und was braucht man zum Glücklichsein?“, fragte ich ihn spöttisch.

„Man muss über Fähigkeiten verfügen, die andere nicht haben oder etwas können, was sie selbst nicht können. Dann werden sie dich bewundern und du wirst glücklich sein. Wenn du hier nur im Schatten sitzt auf eine Ziege aufpaßt, wird dich niemand bewundern.“ – „Ich will gar nicht, dass mich jemand bewundert.“

„Dann bist du ein merkwürdiges Wesen. Ich vermute aber, es liegt daran, daß du hier draußen so allein bist. Es ist niemand da, den du selbst bewundern könntest. Deshalb wird dir auch nicht bewußt, was für ein kleines und bescheidenes Leben du führst.“

„Du bist ein sonderbarer Vogel. Aber du siehst auch nicht besonders glücklich aus. Sagtest du nicht, dort, wo du herkommst, nennt man dich den Vogelkönig?“

Der Vogel war so winzig, daß man ihn sehr leicht übersehen konnte. Er hob verlegen seine Beinchen. Dann sagte er nicht allzu laut: „Ich gebe zu, dass ich ein wenig übertrieben habe. Dort, wo ich herkomme, nennt man mich den Zaunkönig. Man glaubt, ich könne nur durch Zäune hüpfen und keine langen Flüge machen."

„Aber du hast doch die lange Reise bis nach Afrika gemacht. Hat es dir zu Hause nicht gefallen?"

„Es gab dort eine Reihe anderer Vögel, über die ich mich geärgert habe. Zum Beispiel den faulen Fischreiher. Er stolzierte den ganzen Tag nur lauernd im flachen Wasser vor dem Schilf herum. Dort standen tausend kleine Fische, die ihm wie von selbst in seinen träge aufgesperrten Schnabel spritzten. Dann gab es die Eichelhäher, aufgeblasene zänkische Vögel, die mich in helle Wut versetzten. Ich war immer halb tot vor Schreck, wenn sie mit ihrem triumphierenden Hiäh-Ruf in den Wald eindrangen. Ihr Hiäh-Ruf erinnerte mich an einen Mäusebussard, und für einen Mäusebussard bin ich nichts anderes als ein kleiner zarter Leckerbissen."

Ich dachte mir, es kann sein, daß nicht nur meine Ziege, sondern auch dieser Vogel ein wenig hochmütig und verrückt ist. Deshalb sagte ich: „Auch hier in Afrika gibt es eine Reihe von Tieren, von denen wir annehmen, sie führten ein Leben voll Gemütlichkeit und Müßiggang. Sieh dir die große stolze Giraffe dort an.

Sie hat einen so langen Hals, daß sie mühelos die zarten Blätter in den Kronen der Bäume erreicht. Selbst wenn das Gras verdorrt ist und andere Tiere hungern müssen, findet sie in den Baumkronen noch immer reichlich Futter. Viele beneiden sie darum. Aber wenn sie zur Tränke geht, muß sie sich auf die Knie legen und ihren Hals ganz tief herunter beugen, damit sie trinken kann. Jetzt ist sie gar nicht mehr stolz, sondern zittert vor Furcht, weil sich ein Löwe anschleichen und ihr in den Nacken springen kann."

„Ich bin kein engstirniger Vogel", sagte er. „Ich sehe solche Dinge auch. Aber es gibt Ungerechtigkeiten, die mich wirklich kränken. Sie verletzten meine Würde. Und wenn man seine Würde verletzt sieht, muß man etwas dagegen unternehmen."

„Du bist wirklich ein sonderbarer Vogel. Was ist denn das überhaupt, eine verletzte Würde?“

„Ich will versuchen, es dir zu erklären. Bei uns in Europa gibt es eine Jahreszeit, wo alles in Eis und Kälte erstarrt. Das ganze Land ist mit Schnee bedeckt, wie der Gipfel eures hohen Berges. In dieser Zeit, die wir Winter nennen, finden wir Vögel kaum etwas zu essen und frieren jämmerlich. Während eines solchen kalten Winters kam einmal ein kleines Mädchen wie du zu mir in den Wald. Es streute mir ein paar Körner hin und sagte: Da hast du etwas zu essen, du kleiner Piepmatz.“

„Das war aber sehr lieb von ihm.“

„Nein, es war gar nicht lieb von ihm. Ich bin nämlich kein kleiner Piepmatz, weißt du. Am nächsten Morgen kam das Mädchen wieder. Es schaute verwundert auf die Körner und sagte: Warum hast du die Körner nicht gefressen, du dummes Vögelchen? Schmecken sie dir etwa nicht? Da bin ich aus meinem Versteck hervorgeschossen und habe gesagt: Glaubst du vielleicht, ich fresse alles, was man mir einfach hinwirft? Außerdem bin ich nicht dein dummes Vögelchen. Ich erwarte, dass man mich respektiert!“

„Du bist wirklich ein sonderbarer Vogel.“

„Mag sein. Aber ich gebe niemals meine Würde auf! Ich leide schon genug darunter, daß ich so klein bin und von den anderen Vögeln kaum beachtet werde. Was hätten denn die anderen Vögel gesagt, wenn sie gesehen hätten, wie ich die hingestreuten Körner fraß? Seht nur den Zaunkönig. Nun pickt er schon Brosamen auf, die ihm die Menschen auf den Weg streuen. Nun hat er auch noch seine Würde verloren. Ich habe mich daran gewöhnt, daß mich die Menschen verspotten. Aber wenn diese Demütigungen aus Vogelkreisen kommen, werden sie für mich unerträglich.“

„Und was willst du dagegen tun?“

„Dinge, die man einem Zaunkönig nicht zutraut, für die man mich bewundern wird.“

Normalerweise höre ich mir keine Vogelgeschichten an, wenn ich einen Berg besteige. Schon gar nicht, wenn es sich dabei um den Kilimandscharo, eine der bedeutendsten und schönsten Sehenswürdigkeiten unserer Erde handelt. Ich hatte Bilder im Kopf, die unter dem Donnergrollen der Löwen wackelten. Oder ich stellte mir vor, wie es ist, wenn die Sonne in der endlosen Savanne versinkt, während sich die mysteriösen Stimmen der Nacht unter dem Sternenzelt des afrikanischen Himmels erheben.

Dieses seltsame schwarze Mädchen, das mir am Berg begegnete, wirbelte meine Gefühlswelt durcheinander. Es verfrachtete mich zurück ins kalte Europa. Ja, es brachte mich dazu, mich mit einem größenwahnsinnigen Zaunkönig zu befassen, zu dem ich paradoxerweise auch noch eine gewisse Parallele entdeckte. Obwohl ich die weitere Geschichte dieses mickrigen Kerlchens nicht kannte, ahnte ich zumindest, daß wir uns beide auf einer Suche befanden, aber unser Ziel nicht kannten. Vielleicht waren wir noch nicht ausgereift und suchten den Schlüssel für uns und unsere Zukunft zu finden. Allerdings hatte ich nicht gewußt, daß es auch in Vogelkreisen Probleme mit der Chancengleichheit gab. Auch hier fand man Exemplare, die als Könige geboren wurden und von Wut beseelte Vogelrevolutionäre, die unter vollkommen unzulänglichen, lächerlichen Bedingungen versuchten, gegen feudale Hierarchien anzukämpfen.

Das Mädchen am Berg erzählte weiter:

Im Frühling des nächsten Jahres traf der Zaunkönig auf einen winzigen, ihm unbekannten Vogel.

„Wer bist du?“, fragte der Zaunkönig. „Ich habe dich bisher noch nie gesehen.“

„Ich bin ein Fitislaubsänger“, sagte der unscheinbare fremde Vogel. „Ich komme soeben aus Südafrika.“

„Na, na“, sagte der Zaunkönig. „Südafrika... Mit deiner Figur und deinen dünnen Beinen!“

„Du glaubst wohl, nur Störche könnten so weit fliegen!“, sagte der Fitislaubsänger schnippisch.

Der Zaunkönig wurde von Neid geplagt und sagte sehr versöhnlich: „Könntest du mich im nächsten Herbst nicht mit auf deine Reise nehmen…?“

„Wie kommst du denn auf diese Idee?“

„Ich trage mich schon lange mit diesem Gedanken. Was glaubst du wohl, wie endlos, trist und kalt der Winter hier im Wäldchen ist!“

„Du verlangst etwas Unmögliches.“

„Warum?“, fragte der Zaunkönig. „Traust du mir diese Reise nicht zu? Ich überfliege den großen See hinter dem Schilf ohne Mühe.“

Der Fitislaubsänger kicherte erst leise vor sich hin. Dann brach er in schallendes Gelächter aus. „Was bist du nur für ein Spaßvogel“, sagte er. „Auf meiner Reise in den Süden überquere ich Meere, Wüsten, Gebirge, Wälder, Sümpfe und Savannen. Es dauert oft Stunden, bis man sie überflogen hat. Und du bezeichnest die Pfütze dort hinter dem Schilf als einen *großen* See.“

„Vielleicht müsste ich mich im Sommer noch ein wenig in der Ausdauer üben“, sagte der Zaunkönig kleinlaut.

„Damit ist es ja nicht getan“, sagte der Fitislaubsänger kopfschüttelnd. „Du bist einfach nicht zum Fliegen geboren. Allein dein hochgestellter Stummelschwanz muß wie eine ständige Bremse wirken. Außerdem verstehst du nichts von Navigation. Du hast keinen Orientierungssinn. Aber vielleicht hast du ja andere Fähigkeiten, mit denen dich die Natur beschenkt hat. Dann besinne dich auf sie. Das Fliegen kann es jedenfalls nicht sein. Denn wenn du dich unbeobachtet fühlst, hüpfst du wie eine Maus durch die Büsche."

Mit diesen Worten flog der Fitislaubsänger davon, und für den Zaunkönig war dies die größte Kränkung, die er in seinem Vogelleben je erfahren hatte.

„Aber wie kommt denn dieser Vogel nun nach Afrika?", fragte ich das Mädchen.

„Du bist zu ungeduldig", sagte sie. „Warum wollt ihr Erwachsenen denn immer alles sofort wissen?"

„Das ist nun mal so", sagte ich.

„Und wenn ihr alles wißt, seid ihr dann zufrieden?"

„Vielleicht. Für eine kleine Weile."

„Und nach der kleinen Weile werdet ihr ungeduldig und wollt wieder etwas anderes wissen?"

„Ja, wahrscheinlich."

„Und wenn ihr alles wißt und es keine Geheimnisse gibt, was macht ihr dann?"

„Dann“, sagte ich, „wird es wohl etwas schwierig.“

Danach erzählte sie weiter:

Im nächsten Frühjahr suchte sich der Zaunkönig ein Weibchen und baute ein kunstfertiges Kugelnest. Dort legte das Weibchen fünf kleine Eier hinein. Am nächsten Tag entdeckte der Zaunkönig, daß noch ein weiteres Ei hinzugekommen war. Er wunderte sich. Aber dann sah er sich das neue Ei etwas genauer an und erkannte, daß es ein wenig größer als die anderen war. Als sein Weibchen die Eier ausgebrütet hatte, stellte er fest, daß aus dem etwas größeren Ei ein kleiner Kuckuck geschlüpft war. Kuckucksweibchen sind nämlich ziemlich listig. Sie legen ihre Eier in fremde Nester und dann überlassen sie anderen Vögeln das lästige Brüten. Die meisten Vögel fallen auf diesen Trick herein. Sie wissen gar nicht, daß sie ein Stiefkind ausgebrütet haben. So ein kleiner Kuckuck hat einen Riesenhunger und seine Stiefeltern müssen große Mengen von Raupen und Fliegen heranschleppen, um ihn aufzuziehen. Er wächst ihnen über den Kopf. Er wird dreimal so groß wie sie.

Trotzdem ist er noch nicht imstande, sich selbst zu versorgen. Seine Stiefeltern müssen sich jetzt auf ihn stellen, um seinen gierig aufgesperrten Schnabel zu erreichen. Wenn er endlich erwachsen ist und der Winter vor der Tür steht, zieht er in den Süden. Von einer solchen Reise hatte der Zaunkönig ja schon lange geträumt. Aber er wußte auch, daß er nicht imstande war, diese lange Reise alleine anzutreten. Da er aber ein kluger Vogel ist, erkannte er sofort, daß sein Weibchen einen jungen Kuckuck ausgebrütet hatte, und er hatte einen großen Plan.

Er setzte sich auf den Nestrand, blickte seinem Stiefkind listig in die Augen und sagte: „Wir sind zwar auf den Trick deiner Mutter hereingefallen und haben dich ausgebrütet. Aber ein Zaunkönig ist nicht so dumm, wie sie vielleicht denkt. Du bist kein kleiner Zaunkönig. Du bist ein kleiner Kuckuck. Oder willst du das etwa leugnen?“

„Nein, ich leugne es nicht“, sagte der Kuckuck kleinlaut.

„Na also“, sagte der Zaunkönig. „Nun höre mir einmal zu, mein liebes Stiefkind. Du erwartest, daß wir dich versorgen, bist du flügge bist. Es ist aber nicht so, daß du nur ein paar Räupchen oder Mücken brauchst. Du wirst Unmengen von Schnaken, Raupen, Mücken, Fliegen, Asseln, Bremsen und Spinnen verschlingen. Du möchtest uns am liebsten die Federn vom Kopf fressen, weil du einen Riesenhunger hast. Und wir plagen uns für dich ab. Den ganzen Sommer lang plagen wir uns ab, bloß damit du deinen Schnabel hältst. Dann sagst du eines Tages: Es war nett, liebe Stiefeltern, daß ihr euch für mich abgeplagt hat. Nun bin ich kräftig genug, um in den Süden zu ziehen. Hoffentlich wird der Winter nicht zu hart für euch. Adieu! Macht´s gut! - Aber so haben wir nicht gewettet!"

„Was hast du denn vor?", fragte der kleine verschrumpelte Kuckuck ängstlich.

„Wir schließen einen Pakt."

„Was denn für einen Pakt?"

„Einen Versorgungs- und Mitnahme-Pakt."

„So etwas kenne ich nicht."

„Ich will es dir ja gerade erklären, mein liebes, hungriges Stiefkindchen. Du hast doch Hunger, nicht wahr?"

„Ja, und wie! Könntest du mir nicht eine kleine fette Raupe..."

„Siehst du. Nun geht es schon los: Könntest du mir nicht eine kleine fette Raupe bringen... Und wenn ich dir die kleine fette Raupe bringe, schreist du: Könntest du mir nicht noch eine kleine fette Raupe bringen. Und noch eine, und noch eine, und noch eine..."

„Aber du kannst mich doch nicht einfach verhungern lassen..."

„Das habe ich auch nicht vor. Ich will dich regelmäßig und gut versorgen. Sogar das eine oder andere Appetithäppchen werde ich dir bringen."

Der kleine Kuckuck seufzte erleichtert.

„Aber", sagte der Zaunkönig und hob mahnend eines seiner dünnen Beinchen, „ich erwarte von dir auch eine Gegenleistung..."

„Ja gut", sagte der kleine Kuckuck schulterzuckend. „Wenn es sich machen lässt."

„Es muss sich machen lassen!", sagte der Zaunkönig energisch. „Ich erwarte von dir, daß du mich im Herbst mit auf deine Reise nimmst."

Der Kuckuck zuckte zusammen. Sein ganzes kleines Gerippe wackelte vor Entsetzen, als er an diese gemeinsame Reise dachte. „Du bist nicht zum Fliegen geboren“, sagte er. „Du würdest zu einer Last für mich werden.“

„Ach *ich* würde für *dich* zu einer Last werden. Das ist interessant. *Ich*, der sich den ganzen Sommer lang für dich abgerackert hat, würde für *dich* zu einer Last werden. Also gut, dann lassen wir es. Dann schließen wir eben nicht diesen Pakt. Ich fliege jetzt in den Wald, suche mir eine schöne fette Raupe und stecke sie mir in den Schnabel. Darauf habe ich so richtig Appetit...“

„Hör auf, hör auf“, jammerte der kleine Kuckuck. „Warum quälst du mich so? Mir läuft das Wasser nur so im Schnabel zusammen.“

„Natürlich keine haarige bittere Raupe. So eine zarte glatte, die einem von selbst in den Magen flutscht...“

„Hör auf!“, stöhnte der Kuckuck. „Ich tue alles, was du willst. Ich nehme dich mit.

Ja, ich nehme dich mit. Auch wenn es eine Höllenreise wird.“

Der Zaunkönig holte eine zarte glatte Raupe herbei. Er kaute sie sogar ein bißchen klein. Dann stopfte er sie in den gierig aufgesperrten Kuckucksschnabel und fragte: „Nun, schmeckt es dir, mein liebes Kind?“

„Oh köstlich, köstlich!“, seufzte der kleine Kuckuck und verdrehte seine Äugelein vor lauter Wonne.

„Versprochen…?“, fragte der Zaunkönig lauernd.

„Versprochen“, sagte der Kuckuck schluckend.

Der Zaunkönig holte ihm noch eine Raupe herbei. Wieder eine zarte, glatte, vorgekaute. „So“, sagte er, „nun iss mal schön dein Räupchen und dann leg deine linke Kralle auf die Brust.“

„Was hast du denn jetzt vor?“, fragte der kleine Kuckuck verängstigt.

„Nun besiegeln wir unseren Pakt, mein Kleiner. Leg deine linke Kralle auf die Brust und sprich nach was ich dir sage.“

Der kleine Kuckuck legte seine linke Kralle auf die Brust.

„Ich verspreche“, sagte der Zaunkönig, „dass ich den Zaunkönig...“

„Ich verspreche, dass ich den Zaunkönig..." wiederholte der Kuckuck mit der linken Kralle auf der Brust.

„...der von meiner Mutter betrogen wurde, indem sie ihm mein Ei ins Nest gelegt hat,..."

Der Kuckuck wiederholte es.

„...der aber so großherzig ist, daß er mich aufziehen und den Sommer über mit Raupen und anderen Köstlichkeiten versorgen wird..."

„...der aber so großherzig ist, daß er mich aufziehen und den Sommer über mit zarten, glatten, vorgekauten Raupen..."

„Vorgekaute habe ich nicht gesagt!", fuhr ihm der Zaunkönig ins Wort.

„Ich möchte aber, dass es so vereinbart wird."

„Also gut", sagte der Zaunkönig mürrisch. „Du scheinst ja ein listiges Bürschchen zu sein. - Wo war ich stehengeblieben?"

„Bei den zarten, glatten, vorgekauten Raupen und den anderen Köstlichkeiten."

„Richtig. Der mich also mit diesen Köstlichkeiten versorgen wird, mit auf meine Reise in den Süden nehmen..."

„Das schwöre ich", sagte der kleine Kuckuck feierlich.

„Jetzt mach mich nicht konfus", sagte der Zaunkönig verärgert. „Du hast viel zu früh geschworen. Ich war überhaupt noch nicht fertig. - ...mit auf meine Reise in den Süden nehmen - und falls es dem Zaunkönig im Süden nicht gefällt - auch wieder zurück nach Europa nehmen werde."

„Nein!", sagte der Kuckuck entsetzt. „Das ist zu viel verlangt. Ich bin auch nur ein Vogel!"

„Willst du mich irgendwo in der Wüste sitzen lassen, wo es mir vielleicht nicht gefällt und ich am Ende noch verdurste? Ist das dein Dank für meine Großherzigkeit und Mühe?"

„Das nicht, aber..."

„Kein Aber! Denk an die zarten, glatten, vorgekauten Raupen!"

„Gut", sagte der Kuckuck resignierend. „Ich schwöre es."

„Du sollst nicht immer schwören, bevor ich es dir befohlen habe", sagte der Zaunkönig verärgert. „Leg wieder die linke Kralle an deine Brust. Dort, wo dein Herz ist. -

So ist es recht. Und nun heb deine rechte Kralle." Der Kuckuck tat wie ihm befohlen.

„Und jetzt sprich mir nach: Ich schwöre es bei meiner Vogelehre."

„Ich schwöre es bei meiner Vogelehre", wiederholte der kleine Kuckuck schluckend.

„Und, sie sind wirklich bis nach Afrika gekommen?", fragte ich ungläubig.

„Ja, aber es muß eine schlimme Reise gewesen sein", sagte das Mädchen. „Auf dem Meer mußte der Zaunkönig mehrmals auf Schiffen zwischenlanden, weil ihn die Kräfte verließen. Dann kreiste der Kuckuck ungeduldig über dem Schiff, und der Zaunkönig blickte ängstlich zu ihm auf und rief: „Denk an deinen Schwur und an deine Vogelehre und laß mich hier nur nicht im Stich." Über der Wüste wurde der Zaunkönig von einem Sandsturm verweht und der Kuckuck mußte ihn zwei Tage suchen. Einmal prallte er gegen die Kuppel einer Moschee. Einmal stürzte er vor Erschöpfung wie ein Stein zu Boden, und der Kuckuck dachte, er sei tot. Er wollte schon allein weiterfliegen, als er unter einem Busch das jämmerliche Piepsen des Zaunkönigs vernahm. Er pflegte und fütterte ihn ein paar Tagen lang. Dann konnten sie langsam weiterfliegen. Der Kuckuck mußte ständig nach hinten schauen, weil ihm der Zaunkönig kaum noch folgen konnte. Als sie den Kilimandscharo erreichten, stürzte plötzlich ein Falke vom Himmel. Der Kuckuck hatte den Falken übersehen, weil er auf den Zaunkönig achten mußte. Als der Kuckuck den Schatten des Falken spürte, schoß er so rasant nach vorn, daß ihn der Zaunkönig sofort aus seinen Augen verlor. Und er hat ihn nie mehr wiedergesehen. Er schlief zwei Tage und Nächte lang wie betäubt. Am dritten Morgen rieb er sich den Schleier von den Augen und merkte, daß die Sonne anders stand. „Guten Morgen, liebe Sonne", sagte er. „Wo bin ich hier?"

„Guten Morgen, mein kleines Vöglein", sagte die Sonne. „Du bist in Afrika."

„Oh", sagte er verblüfft.

„Ich habe es geschafft. Guten Morgen, Afrika!"

Nun kannte ich also diese Vogelgeschichte und wartete auf die des Mädchens. Sie war sicher weitaus dramatischer.

Denn selbst in meinen humanen Lügengeschichten kommt es nur hin und wieder vor, daß jemand von einem Löwen angefallen und gefressen wird. Doch dieses sonderbare Mädchen sah die Dinge anders.

„Es muß doch furchtbar gewesen sein, als dich der Löwe angefallen hat", sagte ich.

„Nein, nein", sagte sie. „So etwas ist nicht besonders furchtbar. Du kriegst nur einen kleinen Schrecken und schon ist es vorüber. Das Schlimme ist, daß es so schnell vorübergeht. Du hast nicht mehr die Zeit, etwas, was du in deinem Leben versäumt hast, nachzuholen. Und dann bedrückt es dich."

„Du hast in deinem Leben bestimmt nicht viel verkehrt gemacht", versuchte ich sie zu trösten.

„Vielleicht nicht viel", sagte sie. „Aber es bedrückt mich trotzdem. Bevor der Löwe kam, habe ich der Ziege das Glöckchen abgenommen. Ich hatte mich über sie geärgert, weil sie manchmal so störrisch ist und ihr gesagt: Zur Strafe nehme ich dir jetzt dein Glöckchen weg. Ich wollte es ihr später natürlich wieder anlegen. Aber dann bin ich nicht mehr dazu gekommen. Zuvor hatte mir der Vogel in der Schirmakazie seine Geschichte erzählt. Ich habe sie mir angehört und ihm gesagt: Laß mich ein wenig überlegen. Vielleicht fällt mir ein, wie ich dir helfen kann. Während ich überlegte, kam der Löwe angestürmt, und der Vogel wartete auf meine Antwort."

„Und das bedrückt dich?"

„Ja, es bedrückt mich sehr." Sie senkte ihren Kopf und schwieg, und ich bemerkte, daß sie weinte. Ich war einfach machtlos gegen ihre Traurigkeit und versuchte sie zu trösten. Sie sagte leise mit gesenktem Kopf: „Es gibt noch etwas anderes, was ich dir sagen muß..."

„Sag es nur", ermunterte ich sie.

„Bevor der Löwe kam, habe ich mit einer Raupe gespielt. Sie kroch in großer Eile am Stamm der Akazie hinauf. Weil ich sie mir etwas näher anschauen wollte, habe ich sie in mein Teeglas gesperrt. Ich habe ein großes Blatt über die Öffnung des Glases gelegt und das Blatt mit einem kleinen Stein beschwert. Dann habe ich das Glas mit der Raupe gegen die Sonne gehalten. Es ist eine häßliche, unscheinbare Raupe. Aber unter dem Licht der Sonne erstrahlten ihre Farben und sie wurde wunderschön. Nun ist sie noch immer in meinem Teeglas eingesperrt..."

„Es gibt doch so viele Raupen", sagte ich. „Jeden Moment wird irgendwo eine von einem Vogel gefressen..."

„Dann war es so bestimmt", sagte sie. „Wenn eine Raupe einen hungrigen Vogel satt macht, war ihr Leben nicht sinnlos. Jedes Leben ist etwas Einzigartiges und Wunderbares, und jedes ist so wertvoll wie das andere. Deshalb muß man es achten, und wenn nun diese Raupe durch meine Schuld im Teeglas sterben würde, wäre es ein so trauriges Ende. Ich könnte es mir nicht verzeihen..."

Ich hatte wieder den Verdacht, daß ich die Kontrolle über meinen Verstand schon seit geraumer Zeit verloren hatte. Aber seltsamerweise empfand ich diesen Zustand jetzt als sehr angenehm. Ich hatte mir im Laufe meines Lebens eine besondere Schutzkleidung gegen Gefühle angelegt. So etwas wie einen aufblasbaren Gummianzug.

Ein sehr praktisches Kleidungsstück. Es sorgte mit seiner Lufthülle dafür, daß von meinen eigenen Gefühlen nichts nach draußen drang. Und wenn andere mich mit ihren Gefühlen bombardierten, prallten sie ohne Schaden anzurichten an mir ab wie eine Erbse.

Jetzt hatte mich dieses kleine Mädchen gründlich an einer höchst empfindlichen Stelle in meinem Inneren erwischt. Ich spürte in meiner Herzgegend eine ergreifend schöne Wärme, und dieses angenehme Gefühl hing eindeutig damit zusammen, daß ich mich imstande sah, diesem kleinen sonderbaren Kind in seiner verlorenen Traurigkeit zu helfen.

„Gib mir das Glöckchen“, sagte ich. „Ich bringe es der Ziege. Und wie lautet deine Botschaft an den Vogel?“

„Er soll sich an der Sonne, am Wind und an den Wolken orientieren, und wenn er bei Nacht fliegt, an den Sternen. Wenn er sich ihnen anvertraut, werden sie ihn nach Hause leiten. – Und denk bitte, bitte an die Raupe...“

Ich nahm das Glöckchen und versprach ihr, alles zu erledigen, was sie mir aufgetragen hatte. Von meinen Gefühlen berauscht, tat ich aber noch etwas anderes. Ich versprach ihr: „Ich komme dann wieder nach oben und werde dir alles berichten."

„Das willst du wirklich für mich tun?" Sie strahlte mich ungläubig und glücklich an.

Bisher hatte ich immer geglaubt, daß meine Welt berechenbar war und ich ließ mich in der Regel nur auf Dinge ein, die ich bestens vorbereitet hatte. Von diesem Gefühl spürte ich diesmal nichts. Bald darauf traf ich auf meine beiden Träger.

„Gab es dort oben ein Problem?", fragten sie.

„Eine Reihe von Problemen. Mädchenprobleme. Vogelprobleme. Raupenprobleme. Ziegenprobleme."

Ich bimmelte ein bißchen mit dem Glöckchen.

„Das ist die Höhenluft", sagten meine Träger. Sie schauten mich unverwandt an. Als wir die Vegetationszone erreichten, pflückte ich eine Blume, roch an ihr und schloß meine Augen. Jetzt hatten meine Träger das Gefühl, mir helfen zu müssen. Normalerweise reagiere ich empfindlich, wenn ich das Gefühl habe, in bester geistiger und körperlicher Verfassung zu sein und man versucht, mir unter die Arme zu greifen. Aber nun schwebte ich dahin wie eine Feder. Mich bedrückte nichts. Selbst die Tiere und Menschen unter mir in der Savanne sahen klein und ungefährlich wie Spielzeug aus. Also dachte ich überhaupt nicht daran, meinen Zustand in ein besseres Licht zu rücken. Mich hatte eher dasselbe Gefühl der Unbekümmertheit und Ruhe wie in meiner Kindheit überkommen, wenn ich an einem See saß und auf die Wellen schaute, die sich unter dem Wind bildeten und die ich einen Lidschlag später nicht mehr finden konnte. Außer, daß meine Socken in die Schuhe gerutscht waren, stelle ich auch an meinem Äußeren nichts Verdächtiges an mir fest. Also ließ ich es ruhig geschehen, daß meine Träger die Bergretter spielten und ich ihr Notfall war. Ich konnte darüber nur freundlich mit den Schultern zucken.

3

Als ich endlich unten war und meine beiden Retter abgeschüttelt hatte, begegnete ich vier Massai-Hirten, die ihre Rinder hüteten. Sie nahmen keinerlei Notiz von mir. Drei von ihnen hielten sich auf einen Stock gestützt. Der vierte stocherte mit seinem Speer im Sand herum. Mir kam es albern vor, sie nach der Ziege und dem Vogel zu fragen. Aber es kränkte mich schon, daß sie mich als Luft betrachteten. Mir fiel nichts Rechtes ein. Also bimmelte ich zaghaft mit meinem Ziegenglöckchen. Jetzt nahmen mich die Massai zur Kenntnis. Sie kicherten erst eine Weile vor sich hin. Dann hob der Speerträger seinen Speer, deutete mit der Spitze in Richtung Savanne und sagte zu meiner Verwunderung: „Dort unter der Schirmakazie steht die Ziege, die du suchst. Und über ihr in den Zweigen sitzt ein zerzauster kleiner Vogel."

Ich bedankte mich und ging in diese Richtung. Bevor ich die Schirmakazie erreichte, setzte ich mich in den Schatten eines Dornbuschs.

Ich holte mein Notizbüchlein und den Bleistift hervor. Weil ich, wie ich bereits sagte, den Rahmen für meine humanen Lügengeschichten stets realistisch und authentisch gestalten möchte, überlegte ich eine Weile. Schließlich schrieb ich: Die Strapazen und Leiden, die ich am Berg erdulden mußte, hatten mich völlig erschöpft. Ich war glücklich, als ich wieder unten war. Aber hier lauerten neue Gefahren, mit denen ich nicht gerechnet hatte. Ich sah mich plötzlich von einer Horde Wilder umgeben. Ich wußte zwar, daß sie keine Menschenfresser sind. Aber ihr Anblick war derart grauenhaft und furchterregend, daß mir das Blut in den Adern erstarrte. Einer von ihnen hatte seine Speerspitze direkt auf meine Brust gerichtet...

Hier brach ich erst einmal ab, weil mich meine Neugierde weitertrieb.

Als ich die Schirmakazie erreichte, fand ich tatsächlich die Ziege und den Vogel. Die Ziege schien nicht allzuviel im Kopf zu haben. Als ich ihr das Glöckchen anlegen wollte, versuchte sie mich auf die Hörner zu nehmen. Als ich sie an den Hörnern packte, meckerte sie mich an. Schließlich gelang es mir doch noch, ihr das Glöckchen anzulegen. Zum Dank versetzte sie mir einen Stoß in die Rippen. Dann trabte sie davon.

Der Vogel krallte sich mit seinen dürren Beinen an ein Ästchen in der Schirmakazie. Er sah fürchterlich aus. Als hätte er bei seiner Reise einen glühenden Vulkan gestreift. Aber er schien mir etwas heller zu sein als die Ziege, denn er erkannte sofort, daß ich der Mann war, der ihm helfen konnte. Er blickte mich scharfsinnig an und sagte: „Du kommst aus Europa, nicht wahr?"

„Aus Deutschland", sagte ich.

„Dann haben wir den gleichen Rückweg", sagte der Vogel. „Wie gedenkst du zu reisen?"

„Ich setzte mich einfach in einen großen Stahlvogel."

„Ach, diese komischen Dinger mit ihren langen weißen Schwänzen."

„Kondensstreifen", erklärte ich.

„Ich setzte mich in keinen Stahlvogel mit Kondensstreifen", sagte der Zaunkönig. „Ich habe meine Prinzipien." Obwohl er zum Gotterbarmen aussah, machte er noch einen ziemlich forschen Eindruck. Dann schien ihm seine Lage bewußt zu werden und er sagte etwas kleinlauter: „Vielleicht hänge ich mich einfach an deinen Stahlvogel an. Ich habe mit der Orientierung ein wenig Schwierigkeiten.“

„Dieses Anhängen ist doch schon bei deiner Herreise schiefgegangen“, sagte ich. „Du hast den Kuckuck verloren, weil er viel schneller fliegen kann als du.“

„Aber so ein Stahlvogel erzeugt einen ordentlichen Windschatten. In ihm fliegt es sich wahrscheinlich leichter.“

„Aus den Turbinen eines Stahlvogels kommen Winde, die stärker sind als jeder Orkan“, sagte ich. „Du wirst wie ein Stäubchen fortgeblasen.“

„Ach so ist das“, sagte der Zaunkönig. „Da muß ich mich wohl selber auf die Reise machen.“ Jetzt wirkte er ziemlich geknickt.

„Bleib doch einfach hier“, sagte ich. „Hier ist es immer warm, und du kannst tun und lassen was du willst. Ich könnte dich glatt beneiden. Ich habe mir schon immer gewünscht, frei wie ein Vogel zu sein.“

„Hör mir auf mit der Vogelfreiheit!“, sagte der Zaunkönig zerknirscht. „Ich bin hier so allein und komme mir verloren vor. Niemand beachtet mich. Jeder denkt nur an sich selbst. Dann erzählte er mir seine deprimierenden Geschichten.

Als er den Kuckuck verloren hatte und allein war, traf er auf einen Elefanten.

„Hallo“, sagte er. „Ich komme aus Europa. Das liegt am anderen Ende der Welt und man nennt mich dort den Vogelkönig. Wahrscheinlich wirst du jetzt beeindruckt sein. Aber ich erzähle es dir nicht etwa, um dir zu imponieren. Ich wollte nur mal schauen, wie es dir hier so geht.“

„Schlimm genug“, sagte der Elefant. „Ich bin das größte und mächtigste Tier in der Savanne. Aber ich komme einfach nicht zur Ruhe. Früher haben mich die Menschen mit Gewehren gehetzt. Jetzt sitzen sie in rollenden Riesentieren aus Eisen und verfolgen mich mit ihren Kameras. Jeder will mich fotografieren, und zwar am liebsten, wenn ich die Ohren aufstelle und den Rüssel steil nach oben recke. Zu Hause protzen sie dann mit diesem Bild. Sie sagen nämlich, als sie diesen Schnappschuß machten, hätten sie sich in akuter Lebensgefahr befunden. Dabei käme ich nie auf die Idee, mir an einem eisernen Riesentier den Schädel einzurennen. Ich will nichts anderes, als meine Ruhe haben."

„Aber du hast es doch immerhin zu einiger Berühmtheit gebracht", sagte der Zaunkönig.

„Ja", sagte der Elefant bissig. „Jetzt wirst du gleich mal sehen, wie es ist, wenn man berühmt ist."

Eine Herde Autos näherte sich dem Elefanten. Motoren jaulten. Staub wirbelte auf. Stative wurden hektisch ausgefahren. Rotgesichtige, nervöse Menschen turnen wie Affen vor den Fenstern herum und beobachteten jede Bewegung des Elefanten durch die Objektive ihrer Kameras.

Der Elefant stieß ein trotziges Trompeten aus. Dann trabte er davon, um in einem kleinen Galeriewald Schutz suchen.

Jetzt begann er sich in Vogelkreisen umzusehen. Er traf auf einen Sekretär. „Hallo", sagte er. „Ich komme aus Europa. Das liegt am anderen Ende der Welt und man nennt mich dort den Vogelkönig..."

„Was ist das für ein Ländchen, wo jemand wie du ein König werden kann?", fragte der Sekretär erstaunt.

Der Zaunkönig war nicht allzusehr gekränkt. Er sagte: „Ich bin zwar nicht so groß wie du. Aber ich habe vielleicht mehr im Kopf als mancher andere. Darauf kommt es an, mein Lieber!"

Der Sekretär stimmte ihm verärgert zu. „Natürlich kommt es darauf an. Ich habe auch mehr im Kopf als mancher andere. Aber man nimmt es einfach nicht zur Kenntnis. Nur weil ich so aussehe wie ein Sekretär, traut man mir nichts Höheres zu. Mein Vater war schon Sekretär. Ich bin Sekretär. Meine Söhne sind Sekretäre. Alle sind wir sehr hochbegabte Vögel und leiden an der Unterbewertung unserer Fähigkeiten."

„Das verstehe ich sehr gut", sagte der Zaunkönig.

„Ich habe auch sehr, sehr lange um meine Persönlichkeitsaufwertung kämpfen müssen."

Als er den Sekretär verlassen hatte, traf auf einen Storch. Der Zaunkönig sah noch immer arg zerfleddert aus nach seiner langen Reise und sagte „Hallo, ich komme aus Europa..."

„Was denn", fragte der Storch, „du auch?" Er betrachtete ihn ungläubig. Dann sagte er erschüttert: „Wie siehst du bloß aus? Bist du unterwegs in eine Windmühle geraten?"

„Das macht diese Hitze hier", sagte der Zaunkönig. „Man bekommt krause Federn vom vielen Schwitzen."

„Ich kann immer noch nicht glauben, daß du aus Europa kommst", sagte der Storch. „Wie kann man mit dieser Figur nur eine solche Reise machen?"

Der Zaunkönig war gekränkt. Aber er war klug genug, um keinen Streit vom Zaun zu brechen. Vielleicht konnte dieser Storch ihm noch sehr nützlich sein. Deshalb gab er zu, daß ihn ein Kuckuck hergeleitet hatte.

„Verstehe", sagte der Storch. „Dann hast du den Kuckuck verloren. Und nun weißt du nicht, wie du zurück in deine Heimat kommst."

„Ja", gab der Zaunkönig kleinlaut zu. „Da du doch auch wieder zurück nach Europa willst, habe ich mir gedacht..."

„Hör mal", sagte der Storch, „ich hätte wirklich nichts dagegen. Aber wir haben ähnliche Probleme. Unser Chefnavigator, der und hergeleitet hat und auch für den Rückflug verantwortlich war, wurde von einem Schakal gefressen."

„Oh Gott, wie konnte denn so etwas Schreckliches passieren?"

„Er hat den Schnabel zu weit aufgerissen. Jetzt suchen wir einen erfahrenen Leitvogel, der unseren Trupp nach Hause führen kann."

„Ich kann mich auch in einen Schwarm einfügen."

„In einen Schwarm vielleicht, weil dort jeder auf seine Art herumflattern kann. Aber wenn man in einem Storchentrupp reist, muß man den Formationsflug beherrschen."

„Ich könnte es erlernen."

„So etwas kann man nicht einfach erlernen. Diese Fähigkeit ist uns Störchen angeboren. Außerdem legen wir weite Strecken auf der Reise im Gleitflug zurück. Wir nutzten die Thermik und segeln in großer Höhe, um unsere Kräfte zu sparen. Und nun sieh dir doch einmal deine Flügel an. Glaubst du, mit so etwas könnte man segeln?“

„Ich weiß nicht so recht“, sagte der Zaunkönig und hüpfte zerknirscht davon.

Als er den Storch verlassen hatte, traf er auf einen Strauß. Der Anblick des riesigen Vogels machte ihn schwermütig und verschlug ihm die Sprache. Er kam sich unbeschreiblich winzig, einsam und verloren vor. „Geh mir aus dem Weg“, sagte der Strauß, „ich brauche Platz für meine Füße.“

„Oh, wie ich dich beneide“, sagte der Zaunkönig ehrfurchtsvoll. „Ein Vogel wie du ist mir noch nie begegnet.“

„Ich bin der größte Vogel auf der Erde“, sagte der Strauß nicht ohne Stolz.

Der Zaunkönig betrachtete den Strauß mit aufgesperrtem Schnabel. Er sah auf seine Riesenfüße und als sein Blick den Straußenkopf erreichte, wurde es ihm schwindelig. „Oh, wie ich dich beneide!“, sagte er nochmals voller Ehrfurcht.

Der Strauß genoß es, daß man ihn bewunderte. Dann wurde er plötzlich mürrisch und sagte diesmal ungehalten: „Nun geh mir schon aus dem Weg, ich brauche Platz für meine Füße."

„Warum bist du denn plötzlich so erzürnt?", fragte der Zaunkönig erschrocken und flog ein Stück zur Seite.

„Es kränkt mich", sagte der Strauß, „daß selbst ein so winziger Kerl wie du sich in die Luft erheben kann."

„Was denn", fragte der Zaunkönig verblüfft, „kannst du etwa gar nicht fliegen?"

„Ich bin in meinem ganzen Leben noch keinen Meter weit geflogen", sagte der Strauß verstimmt. „Und nun mach endlich Platz für meine Füße."

Die Begegnung mit dem Strauß hatte den Zaunkönig ein wenig nachdenklich gemacht. Doch bald darauf dachte er nicht mehr daran, denn er fand eine fette, grüne Raupe. Er sagte nichts zu ihr. Er hatte nämlich einen Riesenhunger und gedachte sie zu fressen. Als er sie mit seinem Schnabel packen wollte, rollte sie sich zusammen und starrte ihn plötzlich mit zwei Riesenaugen an. Er zuckte zusammen und ließ von ihr ab. „Warum erschreckst du mich so?“, fragte er verblüfft.

„Ich will dich warnen“, sagte die Raupe. „Wenn du mich frißt, wird es dir schlecht bekommen. Ich schmecke scheußlich und bin giftig. Wenn du einen empfindlichen Magen hast, kannst du sogar an mir sterben.“

„Um Himmelswillen!“, sagte er entsetzt. „Gibt es hier noch andere derart giftige Raupen?“

„Viele“, sagte die Raupe. „Aber nicht alle besitzen Schreckaugen, um dich frühzeitig zu warnen.“

„Wie kann ich dann wissen, welche Raupe genießbar oder giftig ist?“

„Das mußt du schon selbst herausfinden. Wozu bist du denn ein Vogel?“, sagte die Raupe und verkroch sich unter einem Blatt.

Jetzt beschlich ihn auch noch die Furcht, er könne die falsche Raupe fressen oder weil er sich nicht mehr traute, überhaupt noch eine anzurühren, am Ende in diesem fremden Land verhungern.

Nun also saß er über mir in der Schirmakazie. Und nachdem er mir seine Geschichten erzählt hatte, wirkte er ziemlich mutlos. Es wäre wirklich das Beste gewesen, ich hätte den unglücklichen Kerl in meine Tasche gesteckt und später mit ins Flugzeug genommen. Aber er hatte ja seine Prinzipien und seine Vogelwürde erlaubte es ihm nicht, sich in einen Stahlvogel mit Kondensstreifen zu setzen.

Also sagte ich: „Erinnerst du dich an ein kleines schwarzes Mädchen, das hier unter diesem Baum gesessen hat?"

„Ja, natürlich", sagte der Zaunkönig. „Ich habe ihm und der Ziege meine Geschichte erzählt. Die Ziege hat wohl nicht viel davon verstanden. Aber das Mädchen hat sehr aufmerksam zugehört. Dann sagte es, daß es mir vielleicht helfen könnte. Aber als es weitersprechen wollte, hat es der Löwe angefallen und aufgefressen."

„So war es tatsächlich?", fragte ich verblüfft.

„Genau so", sagte der Zaunkönig.

Ich war es gewohnt, alle Ereignisse, die mir irgendwie nicht glaubhaft erscheinen, mit meinem Geist und Verstand zu zerlegen. Meistens kommst es so, daß ich anschließend sage: na also, ich habe es doch gewußt, so konnte es nicht sein. Seltsamerweise, und so etwas passiert mir nur ganz selten, waren die Begegnungen mit dem Mädchen und diesem unscheinbaren Vogel Ereignisse, die ich mit meinem Verstand nicht zerlegen wollte. Ich hatte erkannt, daß so etwas zwecklos gewesen wäre. Es gab nur zwei Möglichkeiten: sich darauf einzulassen oder davonzulaufen. Wenn ich davongelaufen wäre, hätte ich mir hinterher sagen können: deine Phantasie hat dir einen Streich gespielt. Vergiß es. Dann hätte mich sicherlich ein anderes, weitaus bedeutsameres Ereignis gefangengenommen, und ich hätte mir zusätzlich sagen können: ein Glück, daß du davongelaufen bist. Es bringt wirklich nichts ein, seine Zeit mit solchen Dingen zu vergeuden. Sie sind einfach zu banal.

Es konnte aber auch sein, dass mir solche banalen Dinge schon zuvor hundertmal in meinem Leben begegnet waren. Ich hatte sie nur nicht bemerkt und somit auch nicht die Gelegenheit gehabt, mich mit einem kleinen

Mädchen zu unterhalten, das vom Himmel herabgefallen ist oder mit diesem unglückseligen Vogel, der in der Schirmakazie auf ihre Botschaft lauerte.

Vielleicht erwartete er auch im Stillen, daß ich einen neuen Kuckuck aus der Tasche zog, denn er starrte mich von oben ungeduldig an. Aber leider konnte ich nicht zaubern, und ihre Botschaft, die ich ihm überbringen sollte, war alles andere als eine Patentlösung.

„Ich habe dir nicht viel zu sagen“, sagte ich. „Sie sagt, du sollst dich an der Sonne, am Wind und an den Wolken orientieren, und wenn du bei Nacht fliegst, an den Sternen. Wenn du dich ihnen anvertraust, werden sie dich nach Hause leiten.“

Er sperrte den Schnabel auf und sah mich schweigend an. Es kommt vor, dachte ich, daß ein Vogel den Schnabel aufmacht und nichts zu sagen hat. Aber dieser Vogel schien wirklich einer von den Helleren zu sein. Er überlegte angestrengt. Nach einer Weile pfiff er leise vor sich hin.

„Ist dir ein Licht aufgegangen?“, fragte ich ihn.

„Das Mädchen ist nicht ganz dumm“, sagte er.

„Soll ich ihr das sagen?“, fragte ich.

„Ja, sag ihr ruhig, daß sie nicht ganz dumm ist“, sagte der Zaunkönig. Größere Komplimente waren von ihm nicht zu erwarten. Deshalb sagte ich: „Na gut, ich klettere jetzt wieder auf den Berg und sage es ihr.“

Ich ging ein paar Schritte. Da rief er hinter mir her: „Ach, vielleicht sagst du ihr besser, daß sie *wirklich* nicht ganz dumm ist.“

Ich wollte weitergehen, da fiel mir siedendheiß die Raupe ein. Ich fand sie eingesperrt in ihrem Glas im Schatten der Akazie. Ich wollte sie freilassen. Aber sie begriff nicht sofort, daß ich ihr Retter war und turnte eine Weile orientierungslos auf dem Rand des Glases herum. Dann, als ich das Glas an den Baumstamm hielt, fanden ihre Füße an der rauhen Rinde einen Halt und sie kletterte behend nach oben.

Der Vogel in der Akazie wetzte seinen Schnabel. Er blickte mich freundlich an und sagte: „Es ist nett, daß du mir die Raupe schickst. Mir ist schon ganz schwindelig vor lauter Hunger."

„Um Himmelswillen!", sagte ich erschrocken. „Laß deinen Schnabel von dieser Raupe!"

„Warum?", fragte er verwirrt. „Ist sie eine von den giftigen?"

„Nein", sagte ich. „Sie ist etwas Einzigartiges und Wunderbares."

Er sperrte seinen Schnabel auf und sah mich schweigend von der Seite an. Wahrscheinlich versuchte er zu ergründen, ob ich noch bei Sinnen war.

Ich begann also den Aufstieg zum Kilimandscharo von neuem. Mein eigener Vogel im Kopf meldete sich. „Hör mal", sagte er, „bist du jetzt ganz verrückt geworden? Du kletterst tatsächlich noch einmal auf diesen Berg? Dieses kleine schwarze Mädchen gibt es doch nur in deiner Phantasie. Es hat dich mit einer völlig banalen Botschaft zu diesem Vogel geschickt. Und dieser übergeschnappte Vogel jagt dich jetzt mit einer ebenso banalen Antwort wieder hinauf. Man degradiert dich zum Überbringer von mickrigen

Botschaften. Sind wir vielleicht deshalb nach Afrika gereist?"

„Ich habe es ihr versprochen", knurrte ich.

„Oh Gott, mir bricht es das Herz! Hoffentlich ist deine kleine Prinzessin nicht zerschmolzen, wenn du wieder oben bist!"

Das befürchtete ich wirklich.

Ich hatte wieder meine beiden Träger bei mir. Sie schwatzten und kicherten diesmal ohne jede Unterbrechung. Dummerweise hatte ich ihnen den Grund für meinen zweiten Aufstieg genannt. Deshalb brauchte ihnen, als wir die Schneezone erreichten, nichts mehr zu erklären. Sie luden die Rucksäcke ab und setzten sich. „Ja, geh nur, armer weißer Mann", sagten sie. „Wir warten hier auf dich."

Ich erreichte die Stelle, an der ich das Mädchen verlassen hatte, und ich fand es nicht mehr wieder. Hier oben schien jetzt die Sonne, und es mußte schon seit geraumer Zeit so sein, denn an der Stelle, wo das Mädchen gesessen hatte, begann der Schnee allmählich zu schmelzen. Deine kleine Prinzessin muß wie der Schnee zerschmolzen sein, dachte ich ein wenig traurig. Ich seufzte ein bißchen und wollte mich auf den Rückweg machen. Aber da hörte ich wieder ihre helle Kinderstimme. „Hier bin ich. Ich bin nur etwas kleiner geworden."

Ich kniete mich in den nassen Schnee und beugte mich tief herab, und nun sah ich sie plötzlich vor mir. Sie lächelte mich mit ihren braunen Augen an. Sie war noch immer in das weiße Tuch gehüllt, und ich sah von ihrem Körper nur ihr Gesicht mit ein paar schwarzen Locken, ihre Hände und ihre Füße. Alles an ihr war so, wie ich es in Erinnerung hatte. Aber sie wirkte noch zarter und zerbrechlicher, weil sie nicht größer als eine Schneeflocke war.

„Komm mir bitte nicht zu nahe", sagte sie. „Dein warmer Atem zerschmilzt mich noch schneller."

„Ich bringe dich in den Schatten", sagte ich.

„Nein, laß mich in der Sonne", sagte sie. „Du weißt doch, man muß sich der Sonne anvertrauen oder dem Wind oder den Wolken oder den Sternen."

„Das habe ich auch dem Vogel gesagt“, sagte ich.

„Und, was hat er geantwortet?“

„Er hat nachgedacht. Dann hat er gesagt, daß du wirklich nicht dumm bist.“

„Dann hat er meine Botschaft verstanden. Und hast du der Ziege ihr Glöckchen umgebunden?“

„Das habe ich getan. Aber sie hat nichts gesagt.“

„Man muß Nachsicht mit ihr haben“, sagte sie. „Sie ist noch sehr jung und unerfahren. Vor kurzem ist sie mit dem Kopf gegen einen Mangobaum gerast, weil sie ihn für ihren Feind gehalten hat. Seitdem ist sie ein bißchen durcheinander.“

„Diesen Eindruck hatte ich auch“, sagte ich.

„Und du hast natürlich an die Raupe gedacht“, sagte sie. Es klang, als hätte sie keinen Zweifel, daß ich sie freigelassen hatte. Dabei war es doch so, daß ich das Wichtigste, um das sie mich gebeten hatte, um ein Haar vergessen hätte.

„Blühen die kleinen gelben Blumen unter der Akazie schon?“, fragte sie. „Am Tag, als mich der Löwe holte, waren ihre Kelche noch geschlossen. Sie halten sich das ganze Jahr über in der Erde verborgen. Nur zu dieser Zeit kommen sie für ein paar Tage aus ihrem dunklen Versteck hervor, um uns Menschen zu erfreuen. Ich habe immer voller Ungeduld auf sie gewartet."

„Es tut mir leid, daß ich deine Blumen nicht beachtet habe", sagte ich.

„Aber wenn du sie nicht gesehen hast, mußt du doch ihren Duft wahrgenommen haben", sagte sie. „Ich gebe zu, sie sind so zart und klein, daß man sie sehr leicht übersehen kann. Aber noch bevor sie das Licht der Sonne erblicken, beginnt es in der Savanne nach ihnen zu duften. Die Schmetterlinge sind dann wie betört von diesem Duft. Sie tanzen über den Blumen, die unter großen Schmerzen das Erdreich durchdringen und freuen sich auf sie und auf den Nektar, den sie ihnen spenden werden. Und ebenso geht es den kleinen, krummbeinigen Ameisen, die sich auf den Blumen tummeln. Sie kommen in großen Scharen herbei, und wenn der Wind weht, schaukeln die Schmetterlinge und Ameisen vergnügt auf den

Blumen. Am Abend sind die Blumen dann so erschöpft, daß sie ihre Blüten schließen. Aber noch bevor der neue Tag anbricht, öffnen sie ihre Blütenkelche wieder, um den Tau einzufangen. Und wenn die Schmetterlinge und Ameisen die Blumen am frühen Morgen besuchen, bekommen sie von ihnen einen köstlichen Begrüßungstrank."

Ich konnte ihr darauf keine Antwort geben. Natürlich sah ich, daß Blumen in verschiedenen Farben blühten. Ich erkannte auch, daß sich Schmetterlinge und Bienen an ihnen tummelten. Ich nahm auch den Duft einer Rose wahr, wenn ich meine Nase an sie hielt. Es fehlte mir also keineswegs an dem Sinn für das Kleine, Unscheinbare und doch offensichtlich Wunderbare. Aber ich konnte mich mit diesem kleinen Mädchen auf keine Gespräche über Blumen und Raupen einlassen. Irgendetwas hinderte mich daran. Beim Schreiben eines Buches hatte ich meinen Radiergummi immer griffbereit. Er gab mir die Sicherheit, daß schließlich nur solche Sätze nach draußen gelangten, die mir halbwegs gescheit und geschliffen erschienen. Jetzt wollte ich ihr zwar etwas sagen. Aber ich traute mich nicht. Ich bekam es einfach nicht heraus. Ich konnte aber auch nicht, wie ich es in ähnlichen Fällen gern tue, mit einem spöttischen Lächeln darüber hinweggehen.

Offensichtlich bemerkte sie meine innere Verlegenheit, und während sie mich anlächelte, hatte ich das Gefühl, daß sie sehr genau wußte, was in mir vorging. Ich hatte mir im Laufe meines Lebens ein bißchen Wissen zusammengeklaubt, und das hütete ich wie einen Schatz. Ab und zu ließ ich etwas davon in meine Bücher einfließen. Aber immer nur so viel, daß mir der Stoff nicht ausging, denn ich wußte, meine Reserven waren begrenzt. Es kam nicht viel Neues dazu, weil ich mit meinem aufblasbaren Gummianzug durchs Leben lief. Da drang von draußen nur wenig herein und drinnen entwickelte sich demzufolge nur so viel, wie ich für meine Selbstversorgung brauchte. Außerdem dachte ich mir, wenn man für seine innersten Gefühle nur wenige Quadratzentimeter Platz in seiner Brust hat, muß man sie vor seinen Mitmenschen sorgsam abzuschirmen wissen. Ich war sehr besorgt, daß von meiner Herzenswärme, die sich unter meinem Gummianzug speicherte, bloß nichts nach draußen entwich. Das ganze Theater, das ich für mich selbst veranstaltete, gipfelte darin, daß ich mir einredete, ich sei ein bescheidener und genügsamer Mensch. Ich hätte ja nichts Größeres im Sinn, als Bücher zu schreiben, die dem Verstand der Menschen bewußt eine Grenze setzen. Obwohl ich natürlich wußte, daß ich den Leuten tatsächlich nichts zu sagen hatte. Trotzdem wollte ich, daß man meine humanen Lügengeschichten mit gebührendem Respekt zur Kenntnis nahm. Ich sammelte alle Presseausschnitte über meine Werke, hechelte nach Anerkennung, bekam es aber fertig, wenn man mich lobte, mit bescheidener Miene zu sagen: Macht doch nicht so viel Wind um diese Geschichte. Sie ist wirklich nichts Besonderes.

Der kleine Dämon Eitelkeit war stets in meiner Nähe, und plötzlich wurde mir bewußt, daß der Vogel, der am Fuß des Berges in der Schirmakazie saß und ich uns doch sehr ähnlich waren. Wurden wir nicht von tiefer Unruhe und Unzufriedenheit durchs

Leben getrieben? Beschäftigten wir uns nicht unentwegt mit nichts anderem, als mit uns selbst? Ganz anders dieses Mädchen. Sie sorgte sich um eine unscheinbare Raupe. Sie beschrieb mit ihrer kindlichen, unbeholfenen Sanftheit die Schönheit der Blumen, Dinge, die zwar unser Gemüt bewegen können, aber von denen ich annahm, daß man sie besser im Dunkeln halten mußte. Ich glaube, mein kleiner, gefiederter Freund, daß wir von ihr noch eine Menge lernen können.

Mit Besorgnis sah ich, daß sie immer kleiner wurde.

„Was wird aus dir, wenn du zerschmolzen bist?", fragte ich leise.

„Dann kehre ich auf meine Wolke zurück."

„Und du wirst nicht traurig sein?"

„Nein, warum? Dort oben ist es sehr schön. Ich blicke auf die Savanne und auf die Tiere. Und an manchen Tagen schaue ich mir die Menschen an und wenn ich sehe, was sie für komische Sachen machen, muß ich über sie lachen."

Sie schwieg und sah mich lächelnd an. Sie wußte wohl sehr genau, in welcher inneren Bedrängnis ich mich befand. Sie sagte: „Von meiner Wolke aus kann ich auch dich sehen. Zumindest an klaren Tagen, wenn die Sonne scheint. Wenn ich merke, daß sich dein Inneres in Gefahr befindet, werde ich dir eine Botschaft schicken."

„Klopfe mir kräftig auf die Schulter", sagte ich. „Sag mir, wenn ich eitel bin oder ungerecht, wie blind und taub durchs Leben laufe."

„Ich kann dir leider nicht auf die Schulter klopfen", sagte sie lächelnd. „Laß die Luft aus deinem komischen Gummianzug, den du trägst. Dann spürst du den Hauch des Windes, in dem sich meine Botschaft verbirgt..."

„Was denn für einen komischen Gummianzug?", fragte ich verblüfft.

„Du weißt schon, was ich meine...", sagte sie augenzwinkernd.

Einen Moment lang, als die Sonnenstrahlen auf ihr Antlitz fielen, blendete mich ihre Erscheinung. Ich schloß die Augen, überwältigt von Trauer und Rührung. Gefühle, von denen ich angenommen hatte, daß man sie auf jeden Fall vermeiden muß. Ich spürte, daß nun der Augenblick kam, in dem sie mit der Schneelandschaft verschmelzen und nur den Zauber der Erinnerung hinterlassen würde. „Oh", hörte ich sie plötzlich erschrocken sagen. „Ich hätte bald wieder etwas sehr Wichtiges vergessen, und oben auf meiner Wolke hätte mich mein Gewissen geplagt. Ich bin dir sehr dankbar für alle Mühe, die du meinetwegen auf dich genommen hast. Wenn ich es könnte, würde ich dich jetzt umarmen."

Damit verstummte ihre Stimme, und so sehr ich mich auch bemühte, ihren winzigen Körper zu entdecken, ich sah nichts als eine Decke aus weißem Schnee, die unter den Strahlen der Sonne allmählich dünner wurde.

Zwei Tage später befand ich mich wieder unter meinen Zeitgenossen und es überkam mich das Gefühl: Ich bin noch zu retten. Ich hatte zwar meinen geistigen Horizont auf dieser Reise nicht wesentlich erweitern können, und ich wußte, daß die Erinnerungen an meine Erlebnisse am Berg nicht ewig dauern würden. Im Moment hatte ich aber ernsthaft vor, meine Sinne auf Empfang zu stellen und etwas genauer auf das zu achten, was neben mir passierte. Ich dachte sogar daran, die Lufthülle, die mich umgab, mit einer Nadel anzustechen und etwas von meiner angestauten Herzenswärme herauszulassen. Ich fühlte mich tatsächlich erschöpft von der ewigen Anstrengung, einer zu sein, der ich vielleicht gar nicht war. Ich hatte wirklich vor, ein bißchen demütiger, bescheidener und nachsichtiger in meinem Urteil gegen andere zu werden. Ich ging sogar noch weiter: Ich wollte jetzt, wo ich die Gelegenheit hatte, mein Leben im positiven Sinne zu verändern, auch andere, bessere Bücher schreiben. Ich wollte mich zu Hause nicht wieder an meinen Computer setzen und schon mit den ersten Tastenanschlägen auf einen geistigen Zwerg reduzieren. Ich wollte nicht mehr die eisernen Schreibregeln beachten: also nur über Dinge schreiben, die den Verstand der Leute nicht überforderten. Ich wollte auch kein falscher Sinnstifter mehr sein: meine Figuren nicht mehr aus ihrem grauen Alltags führen, in Gefühlsdramen verwickeln und am Ende dafür sorgen, daß alles gut ausgeht und meine Leser nicht allzusehr erschüttert sind. Ich wollte mich auf ein sehr kompliziertes, verbotenes Terrain begeben. Ich wollte den Leuten von einem kleinen Mädchen berichten, das von einer Wolke herabgefallen ist und von einem unscheinbaren Vogel, und ihnen dann deutlich machen, daß man von ihnen noch etwas lernen kann. Aber ich merkte schon im Flugzeug, daß so etwas schwierig werden würde. Neben mir holte ein Passagier ein Buch aus seiner Reisetasche, und ich wanderte mit meinen Gefühlen durch eine ergreifend schöne Hitzehölle. Ich wußte, daß auf der Rückseite des Buches mein Bild zu sehen war. Der Mann betrachtete es, las meine Biographie. Ich hüstelte aufdringlich, so daß er gezwungen war, mich anzusehen, und ich war grenzenlos dankbar und glücklich, als er die Identität bemerkte und mich um eine Widmung bat. Der Mann las unentwegt in meinem Buch. Ich schielte argwöhnisch nach drüben, wenn er sich räusperte oder in den Haaren kratzte. Mein Herz hüpfte, wenn er einen kleinen Kicher-Anfall hatte. Ich hoffte, daß der Mann neben mir beharrlich weiterlesen würde. Daß er in einen Sog geraten würde, der es ihm schwer machte, das Buch wieder aus der Hand zu legen, bevor er nicht die letzte Seite gelesen hatte. Als das Nachtlicht eingeschaltet wurde, dachte ich daran, wie es wäre, wenn plötzlich der Strom ausfiele. Ich stellte mir vor, wie mein Nachbar, mit meinem Buch in der Hand am Rande der Verzweiflung ist, dann aber, durch seine Phantasie erhellt, doch weiterlesen kann, indem er mit einer Hand die Seiten umblättert und in der anderen eine brennende Kerze hält.

Jetzt machte uns der Flugkapitän auf die imposante Silhouette des Kilimandscharo aufmerksam. Am dunklen Himmel standen keine Sterne und die Passagiere drückten sich an den Fenstern die Nasen platt. Sie betrachteten die große weiße Wolke, die über dem schneebedeckten Gipfel des Berges thronte. Aber nur ich entdeckte auf der Wolke ein kleines Mädchen. Ihr wehendes weißes Gewand zeichnete sich gegen den Nachthimmel ab und ich sah, wie sie am Rand der Wolke entlangschwebte, dann stehenblieb und einen Lidschlag lang herüberwinkte. Ich sah das Lächeln in ihrem Gesicht, voller kindlicher Wärme, und ich wußte, daß ich schon wieder in die falsche Richtung ging. Mir wurde mit einem Mal richtig schlecht und zugleich deutlich klar, daß man einer Wahnvorstellung aufgesessen ist, wenn man glaubt, man könne seine Gewohnheiten mit ein paar Fußtritten aus seinem Leben befördern. Man hat sich zu lange an einem Ort zu Hause gefühlt, um einfach in ein neues Leben einzutreten wie in einen anderen Raum. Man wird wahrscheinlich über die erhöhte Türschwelle stolpern, sich an der Stirn eine Beule vom Türrahmen holen, und dann noch weniger klar im Kopf sein als zuvor. Man ist nicht heute eingeengt von seinen Eitelkeiten, Engstirnigkeiten und Vorurteilen und morgen so vollkommen unbeschwert und glücklich wie dieses Mädchen, das jetzt auf seiner Wolke immer kleiner wurde. Ich wußte, daß die Erinnerung an Menschen zerbrechlich ist, daß sie so flüchtig sein kann wie die Spur, die der Kiel eines Schiffes im Meer hinterläßt.

Deshalb wollte ich mir die Erinnerung an dieses kleine Mädchen erhalten, sie bewahren wie einen kostbaren Schatz. Und wenn mich meine eigene Eitelkeit erschreckte, wollte ich zu den Wolken schauen, in der Hoffnung, daß ich es zwischen den Sonnenstrahlen und zartblauen Schleiern erblickte.

4

Inzwischen allerdings waren in mir wieder die großen Kräfte am Werk: Zeitmangel, Geldsorgen und hin und wieder das Gefühl, daß mich die Welt vergessen hatte. In dieser Stimmung machte ich im folgenden Frühjahr einen Spaziergang durch ein kleines Wäldchen, das vor einem malerischen See gelegen war. Die frischen Blätter schossen gerade aus den Bäumen und Büschen. Es wehte ein lauer Wind, und ich empfand es als angenehm, zu Hause zu sein. Ich hatte mich gerade an meinem Computer mit einer humanen Lügengeschichte abgequält. Jetzt merkte ich, wie der angestaute Dampf langsam meinem Kopf entwich und daß es mir immer wohler wurde.

Plötzlich sah ich einen kleinen Vogel, ein Wintergoldhähnchen, das vor der Wurzel einer umgestürzten Erle hockte. Ich wollte weitergehen, als ich hörte, daß unter der Wurzel noch ein weiterer Vogel saß, der dem Wintergoldhähnchen eine merkwürdige, aber rhetorisch scharf geschliffene Rede hielt: „Ich will dich nicht kränken, mein Lieber. Aber ich kann dir nur sagen: so eine Reise schaffst du nie! Du verstehst nichts von Navigation. Dir fehlt es an meiner Ausdauer, meinem Orientierungssinn. Lass deine Krallen von Afrika. This country is not good for little birds."

Ich glaubte meinen Ohren nicht zu trauen. Mein Zaunkönig, dieser armselige kleine Kerl, den ich noch immer zerzaust, geknickt und hilflos auf einem Ästchen in der Schirmakazie sitzen sah, war tatsächlich zurückgekehrt und riß nun seinen Schnabel ganz gewaltig auf.

„Kennst du mich noch?", rief ich ihm zu.

Der Zaunkönig tauchte zaghaft unter seiner Wurzel auf. „Ach du bist es...", sagte er. Er fühlte sich ertappt und wirkte leicht pikiert. Aber ich hatte nicht die Absicht, ihn vor dem Wintergoldhähnchen, das sage und schreibe fünf Millimeter kleiner war als er, zu kompromittieren. Im Grunde genommen tat er ja nichts anderes als ich. Er erzählte eine humane Lügengeschichte, die das Wintergoldhähnchen nicht allzusehr erschütterte.

Wir sprachen noch eine Weile miteinander. Dann wollte ich mich verabschieden. „Gehst du noch einmal auf eine derart gefahrvolle und lange Reise?“, fragte ich ihn.

Der Zaunkönig sah, daß ihn das Wintergoldhähnchen sehr interessiert betrachtete. Deshalb streckte er seine dürren Beinchen und warf sich in die Brust: „Afrika kenne ich ja nun zur Genüge“, sagte er. „Vielleicht starte ich im Herbst zu einem anderen Kontinent...“ Er nickte mit dem Kopf in Richtung Westen.

„Amerika?“, fragte ich verblüfft.

„Ja, Amerika.“

Ich hatte zwar noch nichts von Zaunkönigen gehört, die durch eine bittere Lebenserfahrung geläutert worden wären. Aber da mein kleiner Freund bestimmt kein Dummkopf war, brachte er mich ein wenig durcheinander. Ich wußte nicht, wie er die Rückreise aus Afrika überstanden hatte. Aber ich vermutete: es war gerade noch mal gutgegangen. Ich ließ mir aber nichts anmerken.

„Also dann“, sagte ich zu meinem kleinen Freund, „mach´s gut. Vielleicht treffen wir uns ja eines Tages in Amerika.“

„Schon möglich", sagte er. „Aber du weißt ja, ich besteige niemals einen Stahlvogel mit Kondensstreifen."

„Natürlich", sagte ich. „Du hast ja deine Prinzipien. Mach´s gut."

„Mach´s gut."

Ich ging weiter und versuchte den zarten Frühling zu genießen. Am Wegrand sah ich eine unscheinbare kleine Blume. Sie wirkte in der erwachenden bunten Frühlingslandschaft wie verloren, und sie wartete darauf, von mir entdeckt zu werden. Ich wollte mich zu ihr herabbeugen. Doch plötzlich meldete sich mein eigener innerer Vogel. Und zwar sehr empört.

„Findest du es vielleicht richtig, daß du dich nur noch mit fremden Vögeln unterhältst? Bin ich überhaupt nichts mehr wert? Was ist denn dran an diesem kleinen mickrigen Kerl, daß er dich derart interessiert?"

„Jetzt hör schon auf", sagte ich. „Ich kenne ihn aus Afrika, das weißt du doch. Laß uns zusammen den Frühling genießen."

„Ich bin nicht am Frühling interessiert. Ich bin nur daran interessiert, daß du mich endlich einmal zur Kenntnis nimmst." Mein innerer Vogel schwieg beleidigt. Aber dann kreischte er noch wütender als zuvor: „Jetzt schmeißt er sich schon wieder an dich ran, dieser kleine, aufdringliche Spinner."

Ich drehte mich um. Mein Zaunkönig war mir nachgeflogen. Dicht hinter ihm her schwirrte das Wintergoldhähnchen. Es hatte glänzende Augen vor lauter Bewunderung für ihn.

„Ich habe dich gar nicht nach dem Mädchen gefragt", sagte der Zaunkönig japsend. „Wo ist es denn geblieben?"

„Es wohnt auf dieser großen weißen Wolke über dem schneebedeckten hohen Berg."

„Dann kann ich es ja dort oben mal besuchen."

„So hoch können nur Stahlvögel mit Kondensstreifen fliegen", sagte ich.

Der Zaunkönig sperrte seinen Schnabel auf und schwieg. Das Wintergoldhähnchen himmelte ihn an. Der Zaunkönig schwieg noch immer mit aufgesperrtem Schnabel. Es kommt vor, daß ein Vogel seinen Schnabel aufmacht und nichts zu sagen hat, dachte ich. Aber mein Zaunkönig sagte plötzlich:

„So hoch *konnten* bisher nur Stahlvögel mit Kondensstreifen fliegen."

„Was denn", sagte ich verblüfft, „du willst doch nicht etwa..."

Ich fragte mich, was ihn zu diesem Geltungsdrang bewegte, der in uns allen schlummert, sich entzündet, aufflammt und sich dann ausbreitet mit der Urkraft eines Feuers.

Im folgenden Frühling machte ich wieder einen Spaziergang durch das kleine Wäldchen. Plötzlich sah ich drei winzige Wintergoldhähnchen, alle noch um fünf Millimeter kleiner als ein Zaunkönig, die mit aufgesperrten Schnäbeln auf den Zweigen einer Erle hockten. Ich wollte weitergehen, als ich hörte, dass am Fuß der Erle noch ein weiterer Vogel saß, der den Wintergoldhähnchen eine merkwürdige Rede hielt. Der rhetorisch scharf geschliffene Ton der Rede kam mir sehr bekannt vor und ich spitzte meine Ohren: „Ich will euch keine Minderwertigkeitskomplexe einjagen, meine Lieben. Aber ich kann euch nur sagen: so eine Reise schafft ihr nie! Ihr versteht nichts von Navigation.

Euch fehlt es an meiner Ausdauer, meinem Orientierungssinn. Also, laßt eure Krallen von Afrika..."

Zwei der Wintergoldhähnchen steckten tuschelnd ihre Köpfe zusammen. Der Vogel, der ihnen die Rede hielt, reckte seinen Kopf und fragte misstrauisch: „Was habt ihr zwei denn zu tuscheln?"

„Wir haben uns nur zugeflüstert, daß wir dich sehr bewundern, Herr Zaunkönig."

„Ah ja. Das ist natürlich etwas anderes. Aber dieses *Zaun* möchte ich in Zukunft nicht mehr hören."

„Natürlich, Herr König. Es ist uns aus alter Gewohnheit nur so herausgerutscht."

„Ah ja. Dann ist es ja gut. Also, wo war ich stehengeblieben...?"

„Du sagtest, wir sollten unsere Krallen von Afrika lassen, Herr König."

„Richtig. Lasst eure Krallen von Afrika. This country is not good for little birds. Aber vor allem, lasst eure Krallen von dieser Wolke über dem Kilimandscharo! Noch nie hatte es vor mir ein Vogel gewagt, in einen derart riskanten Luftraum einzudringen und eine solche Höhe anzufliegen. Ich merkte, wie mein Schnabel vereiste, wie mein Körper hochgehoben wurde und ich plötzlich rückwärts flog. Der Wind schleuderte mich in einem Kreisbogen herum, und in der Drehung setzte ich zum Schwung an und schoß jetzt wie ein Pfeil auf diese Wolke zu... - Was tuschelt ihr schon wieder?", fragte der Zaunkönig argwöhnisch, als zwei Wintergoldhähnchen ihre Köpfe erneut zusammensteckten. „Wir fragen uns, ob es einen Grund für diese gefahrvolle Reise gab, Herr König?"

„Ich kenne ein kleines Mädchen, das auf dieser Wolke wohnt."

„Und es war sicher erstaunt, als sie dich erblickte..."

„Ja, es war sehr erstaunt."

„Und was habt ihr dort oben gemacht?"

„Wir haben uns auf den Rand der Wolke gesetzt und auf die Stahlvögel mit Kondensstreifen geblickt, die auf die Wolke zugeflogen kamen."

„Und haben sie die Wolke erreicht?"

„Es hatte zunächst den Anschein. Aber dann verließ sie ihr Mut und sie haben sich unter ihr hinweggeduckt."

Ich traute wieder einmal meinen Ohren nicht. Aber diesmal machte ich mich nicht bemerkbar und ging schweigend weiter. Vielleicht saßen im nächsten Frühjahr zehn staunende Wintergoldhähnchen mit aufgesperrten Schnäbeln in den Zweigen einer Erle. Und wahrscheinlich blickten sie voller Bewunderung auf meinen kleinen Freund, der ihnen von seinen gefahrvollen Reisen erzählte: vom fernen Amerika, den Pinguinen in der Antarktis oder den auch mir noch unbekannten Wundern auf einem völlig anderen Planeten.

Ich konnte mich aber auch täuschen. Es war ja gut möglich, daß auch mein Freund, der Zaunkönig, nach und nach bemerkte, daß es sich nicht lohnte, derart anzugeben. Es ist auf Dauer eine äußerst mühselige Sache, sich die Bewunderung anderer zu erschleichen. Man läßt zu viele Federn dabei. Ich jedenfalls habe festgestellt, daß es Konsequenzen für das eigene Wohlbefinden hat.

Ich habe auch sehr lange über ihre Worte nachgedacht, nämlich, daß jedes Lebewesen etwas Einzigartiges und Wunderbares ist. Ist dieser Gedanke nicht tröstlich, mein

Freund? Wir müssen es nur erkennen und uns darüber freuen. Und was deinen Einwand betrifft, du seist mit deinem Leben zu kurz gekommen. Darüber könnte sich jeder beschweren. Ich träume zum Beispiel nicht von deinen Himmelsflügen. Aber ich träume davon, nur einmal wie ein Vogel über der Erde zu schweben. Ich würde gern einmal das Gefühl erleben, wie mein Körper von der Erde abhebt, wie er schwerelos wird und dann vom Wind davongetragen wird. Aber leider habe ich keine Flügel. Findest du das etwa gerecht?

„Guten Morgen Afrika" ist die Geschichte eines kleinen Massai-Mädchens, das nach seinem Tode in eine Schneeflocke verwandelt hoch oben auf einer Wolke über dem Kilimandscharo lebt. Wir begegnen Löwen und Ziegen, stolzen Massai-Kriegern und einem Zaunkönig mit seiner Sehnsucht, einmal in Afrika gewesen zu sein, egal auf welchem Weg. Und wir begegnen vielleicht auch uns selbst, wenn wir glauben, dass wir uns in ein Leben hineinverirrt haben wie in einen dunklen Wald, aus dem es keinen

Ausweg gibt. Sind wir nicht alle einmal unzufrieden mit unserer Existenz, aber nicht mutig genug, unseren Träumen zu folgen?

Behutsam vorgehend wird hier von einem märchenhaften Ausflug in eine phantastische Freiheit erzählt. Aber das Herausragende an diesem Märchen ist seine berührende Innigkeit, der poetische Charakter der Handlungen und die zärtliche Poesie seiner Sprache.

Wolf Richard Günzel ist Autor und Naturfotograf. Seit 1982 veröffentlicht er Reiseberichte und Artikel aus dem Ökologiebereich mit eigenen Fotografien in namhaften Zeitungen und Magazinen.

Aus seiner Feder stammen bereits mehrere Bücher, neben belletristischen Werken auch Sachbücher aus dem Umwelt- und Naturbereich. Im Verlag Athene-Media sind von ihm die Romane „Die Zähne des Windes", „Der Affe und das Mädchen" sowie „Der rote Löwe von Kenia" erschienen.

Marie-Anne Delesalle-Günzel ist eine französische Illustratorin und wir verdanken ihr die Illustrationen in diesem Buch. Als ehemalige Schülerin der „Superior National Schule des Handwerks“ in Paris veröffentlichte sie in Frankreich im Verlag „La Taniere“ eine Reihe von populären Kinderbüchern, u.a. „ZAZA la grenouille“ und „Mimi la coccinelle“.

FSC
www.fsc.org
MIX
Papier | Fördert gute Waldnutzung
FSC® C083411

Kolibri 360 GmbH
Ferdinand-Jühlke-Straße 7
99095 Erfurt, Deutschland
produktsicherheit@kolibri360.de